14178

INSTRUCTION

SUR LE DESSIN DES

RECONNAISSANCES

MILITAIRES.

GENÈVE. Imprimerie de Barbezat et Delarue.

INSTRUCTION

SUR LE DESSIN DES

RECONNAISSANCES

MILITAIRES,

A L'USAGE DES OFFICIERS DE L'ÉCOLE FÉDÉRALE;

PAR **G. H. DUFOUR,**

COLONEL DU GÉNIE, MEMBRE DE LA LÉGION D'HONNEUR.

GENÈVE.

CHEZ BARBEZAT ET DELARUE, IMPRIMEURS-LIBRAIRES,

RUE DU RHÔNE, N° 177.

PARIS. RUE DE GRAMMONT, N° 7.

—

1828.

AVERTISSEMENT.

La présente Instruction a été rédigée pour les officiers Suisses qui se rendent annuellement à l'École de Thoune. La plupart n'y arrivaient que fort peu préparés au dessin topographique et militaire, parce qu'ils ne trouvaient pas dans leurs Cantons les facilités nécessaires pour l'apprendre. Il fallait chaque fois perdre un temps précieux à leur montrer des élémens, au lieu de les mettre de suite à copier de bons modèles, ou à figurer le terrain d'après nature. Le but de notre belle institution fédérale, qui est principalement de former à la pratique et de mettre en application les connaissances acquises, se trouvait manqué en partie par ce défaut d'instruction préliminaire. Il était donc nécessaire de mettre entre les mains de nos jeunes officiers une instruction qui leur fît connaître d'avance les méthodes de dessin usitées à l'École qu'ils doivent fréquenter, une instruction qui, sous un petit volume, et peu dispendieuse, leur donnât les moyens de se préparer seuls à ces méthodes, et de s'y rendre, sinon experts, du moins assez habiles pour pouvoir, sous la direction et avec les conseils de leurs chefs, entreprendre ces reconnaissances militaires qui sont à la fois l'objet le plus intéressant et le plus utile de leurs travaux.

Il existe sans doute d'excellens ouvrages sur la topographie; mais il n'en est aucun qui se borne à indiquer simplement les méthodes expéditives que nous devons adopter pour le dessin des reconnaissances militaires. Ce sont des traités complets, précieux pour ceux qui veulent se vouer spécialement à ce genre d'études; mais ils renferment trop d'objets pour nous; leur lecture est pénible, et leur prix est assez élevé pour que l'acquisition en devienne difficile. Il faut en tout des choses simples à nos milices; on ne peut en exiger que le strict nécessaire, parce qu'elles ne

peuvent consacrer à leur instruction militaire qu'une partie d'un temps
que réclament aussi les soins domestiques et les devoirs civils.

On sera peut-être surpris de ne pas trouver plus de délicatesse et de fini
dans nos dessins. Mais il ne s'agit ici que d'un genre militaire rapide, prati-
cable en toute circonstance, même sous le feu de l'ennemi, qui par conséquent repousse toute perfection intempestive. L'essentiel à la guerre est
moins de très bien faire que de vite faire, car le temps y est précieux.
Pourquoi la plupart des ingénieurs géographes rendent-ils si peu de services dans le mouvement des armées? C'est qu'ils ne savent pas, quand cela
est nécessaire, sortir de leurs méthodes de précision; ils n'ont jamais le temps
de terminer le travail qu'on leur demande, parce qu'ils y mettent trop de
soins; ils arrivent tard, pour avoir voulu achever ce qu'il ne fallait qu'é-
baucher. L'officier le plus habile, qui se rend le plus véritablement utile,
est celui qui sait régler son travail sur le temps qu'on lui accorde. Nous
avons donc préféré montrer à nos camarades ce qu'ils seront le plus habi-
tuellement appelés à faire dans les états-majors, que de leur offrir des modèles plus achevés, qui ne serviraient qu'à les mettre sur une fausse route,
ou les rebuteraient par leur difficulté. Si par la suite quelqu'un d'entr'eux, se
sentant du goût et des dispositions pour la topographie, se voue spécialement à cette branche de l'art militaire, il pourra dans le loisir des villes
donner à ses dessins toute la perfection qu'ils comportent. Pour le moment,
nous ne lui demandons que le dessin militaire tel qu'il le fera en campagne,
en présence de l'ennemi, et par tous les temps.

INSTRUCTION

SUR LE DESSIN DES

RECONNAISSANCES MILITAIRES,

A L'USAGE DES OFFICIERS DE L'ÉCOLE FÉDÉRALE.

§ 1. *Motifs de la méthode adoptée.*

Le dessin des reconnaissances militaires devant être très expéditif, nous avons adopté pour la représentation des pentes les hachures au crayon, de préférence aux hachures à la plume, qui offrent plus de difficultés et amènent plus de lenteur. On acquiert ainsi la possibilité d'opérer sur les lieux mêmes et rapidement, sans être obligé de faire des copies ordinairement moins fidèles que les dessins-minutes. C'est là un très grand avantage dont on est privé quand on fait le dessin à la plume, parce que l'attirail que nécessite cette dernière méthode n'est pas de nature à être commodément porté sur le terrain, et que le travail ne pouvant pas être effacé, prive l'opérateur de la faculté de corriger les erreurs à mesure qu'il les découvre.

Un dessin topographique fait au crayon acquiert un degré de clarté auquel on ne parvient que rarement par l'autre méthode ;

1

l'œil s'y repose ; il n'éprouve aucune difficulté à saisir les objets qui doivent fixer l'attention du militaire, tels que les villages, les cours d'eau, les chemins, les ponts, les bois, les écritures indicatrices. Ces objets étant seuls faits à la plume ou au pinceau, sortent pour ainsi dire du dessin, se lisent et se découvrent aussi facilement, malgré les hachures, que sur une simple feuille de papier blanc. On conçoit sans peine combien la clarté est une qualité précieuse pour le dessin qui doit aider un chef dans ses combinaisons militaires. Si au lieu de cela on ne voit dans un plan que confusion et obscurité, on le met de côté, quelles qu'en soient d'ailleurs l'exactitude et l'élégance.

Quand l'officier a fait soigneusement son levé sur le terrain, il se dispense de le recopier ; seulement il y couche de suite quelques teintes au lavis, tant pour donner de l'effet au dessin, que pour fixer le crayon sur le papier. Il passe à la plume les chemins et les ruisseaux ; il met un peu de couleur sur les lacs, les marais et les rivières, quelquefois aussi sur les bois ; il fait les écritures ; et le dessin qu'il termine ainsi porte les caractères de l'œuvre militaire, qui doit être prompte et correcte, plutôt que minutieusement et longuement travaillée.

§ 2. *Objets nécessaires.*

Avant d'expliquer les procédés du dessin et de donner quelques exemples, je dois indiquer quels sont les objets les plus nécessaires pour la reconnaissance : on voit d'abord que pour opérer avec commodité, il faut se servir de papier collé sur carton, et porter avec soi de quoi en coller de nouveau. La grandeur de ces cartons peut varier suivant celle du dessin qu'on se propose d'exécuter ; mais, avec les échelles que nous avons adoptées, un carton d'un pied de long et de neuf pouces de large, est d'une grandeur bien suffisante. On a au moins deux feuilles pareilles toutes préparées, pour que, lorsque l'une est employée, l'autre se trouve sous la main. Le porte-feuille se règle naturellement sur cette dimension ; on peut ainsi le placer sous la couverture du sac, en cas de pluie. Il faut, en outre, une petite boîte à couleurs de quatre pouces de long et deux pouces de large, contenant trois pinceaux, un morceau d'encre de Chine, du carmin, de la gomme-gutte et de l'indigo. — Un étui avec quelques crayons durs et mi-tendres, des plumes de corbeau, un morceau de colle à bouche, un morceau de gomme élastique, un compas et une petite règle. — Trois godets pour les couleurs, à fond épais et de grandeurs différentes, pour pouvoir s'ajuster les uns dans les autres, et occuper moins de place. — Un canif à deux lames, l'une pour les plumes, et l'autre pour les crayons. — Une écritoire de poche, avec des plumes et des oublies. — Une boussole à réflexion, et un rapporteur en corne portant la même division. — Enfin, la carte du pays, et un carnet pour prendre des notes.

La plupart de ces objets se placent facilement dans le sac, avec le linge indispensable ; les autres se mettent dans les poches ou se portent à la main. Il ne serait pas sans utilité d'imaginer une espèce de giberne, dans laquelle se trouveraient réunis tous les objets nécessaires aux reconnaissances. Cette giberne ferait alors partie de l'équipement d'un officier d'état-major.

Nous pourrions encore ajouter aux objets précédens un bâton ferré, de quatre à cinq pieds de longueur, pour s'aider dans la marche en montagnes, et pour servir de pied à la boussole quand on est en station. Il faut pour ce dernier objet, ou que l'extrémité supérieure du bâton soit assez large pour recevoir immédiatement le fond plat de la boussole, ou qu'on puisse y adapter avec promptitude et facilité une rondelle qui procure

la même faculté. Il est, au reste, indispensable de savoir se
passer du bâton, qu'on ne peut avoir quand on opère à cheval,
et d'apprendre à se servir de la boussole à miroir, en la tenant
simplement à la main, le coude serré au corps.

§ 3. *Système des hachures.*

Les hachures, au moyen desquelles on représente le terrain,
doivent être dirigées suivant les *lignes de plus grande pente* de
sa surface. Ces lignes sont naturellement indiquées par les sillons
des eaux d'orage et par tous les cours d'eau en général; ce sont
les lignes que suivent les corps graves en roulant sur les pentes.

Pour obtenir les lignes de plus grande pente, il faut, par la
pensée, imaginer que la surface du terrain soit couverte de lignes de niveau ou *courbes horizontales;* car les lignes de plus
grande pente sont perpendiculaires à ces dernières. Les courbes
horizontales sont celles qu'on obtiendrait si la hauteur qu'on
veut représenter se trouvait au milieu de l'eau, et que le niveau
de cette eau s'élevât progressivement : le contour de la partie
qui resterait à découvert serait une courbe horizontale, laquelle irait, par conséquent, en diminuant de grandeur à mesure qu'on s'approcherait du sommet.

Si l'on suppose qu'on ait pris la peine de faire un nivellement
exact, et de tracer par des piquets les courbes horizontales sur
un terrain donné; que de plus, on ait relevé ces courbes à la
planchette, ou de toute autre manière, on aura une représentation d'autant plus rigoureuse de ce terrain, que les courbes
seront plus rapprochées entre elles. Alors on se rendra parfai-
tement compte de toutes les circonstances de sa surface : ainsi
(fig. 1re), on reconnaîtra, qu'à partir du sommet ou point culminant A pour descendre à la courbe cotée zéro, et qui marque

le pied d'un mamelon , la pente la plus rapide est dans la direction AB, puisque pour s'abaisser d'une quantité déterminée,
la distance à parcourir horizontalement est la plus courte; c'est
un escalier dont les marches ont peu de largeur comparative-
ment à leur hauteur. Au contraire, la pente suivant la direction AC est plus douce, parce que c'est dans cette direction
que la distance du point culminant à la courbe inférieure est
la plus grande possible. Dans toute autre direction AD, AE, la
colline est moins rapide qu'en AB, et plus rapide qu'en AC.

Ce n'est pas tout, les courbes horizontales étant continues et
supposées dans des plans équidistans et écartés verticalement
d'une quantité connue, par exemple d'un mètre, on peut avoir
la hauteur d'un point quelconque de la surface du terrain
au-dessus de la courbe inférieure qui sert de niveau de comparaison. Si le point est situé sur une des courbes, comme
en M, on a immédiatement sa hauteur; elle est dans le cas actuel de 2^m,oo. Si le point est dans une position intermédiaire,
comme en N, on fait passer par ce point une petite courbe aNb
perpendiculaire aux deux courbes horizontales entre lesquelles
le point N est situé; on partage cette petite ligne en dix parties
égales, et l'on voit à quelle division correspond le point N ; si
c'est à la sixième, par exemple, à partir de la courbe inférieure, il sera élevé de 1^m,6o au-dessus de la courbe zéro; et
ainsi pour tout autre. Le point culminant exige une cote parti-
culière, qui presque toujours est fractionnaire, parce que sa distance à la dernière courbe ne pourrait être précisément égale
à l'intervalle des plans de nivellement que par un hasard très
grand. Les cotes des sommets sont d'ailleurs très importantes,
parce qu'elles fixent les hauteurs relatives des différentes collines
entre elles.

Les lignes AB, AC, AD, AE, qui se dirigent perpendiculairement aux courbes horizontales, et donnent les inclinaisons des différentes parties de la surface réprésentée, sont des *lignes de plus grande pente;* elles indiqueront la direction des hachures quand on voudra passer de la représentation rigoureuse et ma-thématique qu'on obtient au moyen des courbes horizontales, à la représentation expéditive et pittoresque que les hachures seules peuvent donner.

Mais on conçoit que si l'on s'est livré au travail considérable que nécessite le nivellement et le lever du terrain, de la ma-nière qui vient d'être indiquée, ce ne sera pas pour couvrir ensuite de hachures un dessin qui, sans elles, donne tout ce qu'on peut désirer. Il ne faut donc pas croire que, pour arriver au dessin topographique, il soit nécessaire de tracer réellement sur le terrain et de lever les courbes horizontales : on se contente de les dessiner par approximation, sans s'astreindre à la loi de continuité ni à l'équidistance, et le plus souvent on ne fait que les supposer pour diriger le travail de la main; car toujours on manque de temps et de moyens pour faire autrement. Dans les levés rapides, dans les reconnaissances militaires, l'œil fait pres-que tout; rarement peut-on se servir de quelqu'instrument; aussi l'officier du génie ou de l'état-major ne doit-il rien négliger pour se former le coup d'œil. Rien, à cet effet, ne peut rem-placer la pratique : quelques dessins faits sur nature, après s'être un peu exercé à la méthode des hachures, valent beaucoup mieux que les copies les plus soignées des meilleurs modèles.

On peut conclure de ce qui précède, que, dans les recon-naissances, on ne doit songer qu'à bien rendre le caractère des localités, et qu'il faut renoncer à l'indication précise des degrés de pente et à tous les moyens plus ou moins inexécutables qu'on a proposés pour atteindre ce but. C'est une représentation pittoresque donnant toutes les parties saillantes, les grands traits d'une localité qu'on demande au dessinateur militaire, et non un nivellement précis, une représentation mathématique du terrain, qu'il ne pourrait faire qu'en y consacrant un temps qu'on ne lui accordera jamais. S'il est essentiel au but qu'on se propose de fixer l'attention sur la nature d'une pente dans un endroit particulier du levé, on le fait au moyen d'un profil spécial, ou en consignant la circonstance dans le Mémoire descriptif qui accompagne ordinairement la reconnaissance.

Règle générale : Voulez-vous un plan qui vous donne exactement les distances, les hauteurs et les déclivités tant absolues que relatives, ainsi que cela est nécessaire pour asseoir le projet d'une place de guerre, d'un canal de navigation ou tout autre, employez les courbes horizontales équidistantes, tracées et levées avec soin ; ne cherchez pas d'autre moyen de rendre le terrain, parce qu'aucun ne peut remplacer celui-là en exactitude. Mais si vous devez renoncer à la représentation rigoureuse et mathématique des formes, comme il arrive toujours dans les levés militaires, et même dans les dessins topographiques soignés, ainsi que dans les cartes chorographiques ou géographiques, adoptez franchement le dessin pittoresque, qui a l'avantage de la clarté et d'une plus prompte exécution ; n'allez pas lui ôter son mérite en l'astreignant à des règles qui ne lui conviennent pas et ne font qu'entraver sa marche, sans lui donner, en résultat, plus de précision ; laissez à la main qui exécute toute sa liberté.

On peut admettre en théorie, en pure spéculation, que, par l'écartement plus ou moins grand des hachures, par leur degré d'intensité ou de finesse, on arrive jusqu'à un certain point à représenter les diverses inclinaisons du sol, de dix en dix, ou même de cinq en cinq degrés ; mais jamais l'œil ne saisira ces nuances avec facilité, jamais on ne comptera sur l'exactitude d'un travail où il suffit d'une légère incorrection, soit dans l'espacement des hachures, soit dans la gradation insensible des teintes, pour introduire des erreurs considérables dans les degrés de pente. Ainsi toute la peine du dessinateur ou du graveur n'aura servi qu'à rendre son ouvrage plus froid et moins vrai. J'insiste sur ce point parce que je mets une grande importance à prémunir nos jeunes officiers contre des systèmes qui peuvent être séduisants, mais qui ne présentent qu'une perfection imaginaire, en ce qu'ils ne sont point exécutables dans les circonstances où un militaire devrait en faire usage, qui le sont à peine dans les loisirs du cabinet.

Qu'importe d'ailleurs à un chef de troupes de connaître le degré exact de pente des montagnes ou des collines qu'il a à franchir? Que lui importe que telle rampe soit inclinée de vingt ou de trente degrés? Ce qu'il veut, c'est de savoir si on peut ou non faire passer les voitures et l'artillerie, s'il faut doubler les attelages, si les chemins sont bons, etc. Ces renseignemens, toujours faciles à obtenir, c'est à ses officiers d'état-major, c'est aux habitans de l'endroit qu'il les demande, et non à la carte, qui ne peut être interrogée à cet égard que le compas et la loupe à la main, dans une localité commode, sur une table bien dressée et par un temps favorable. Soyez à cheval, en plein air, avec un peu de pluie ou de vent, et vous devez renoncer à dérouler votre carte. Qui ne sait qu'une pareille carte, fût-elle un chef-d'œuvre d'exécution, ne sera pas réellement plus utile qu'une autre moins parfaite à l'égard des hachures, mais aussi exacte pour les distances et la position des lieux? Le travail qu'elle aura coûté, tant à l'ingénieur qu'au copiste, sera donc hors de toute proportion avec les services qu'elle rendra. Répétons-le, on ne peut arriver à représenter mathématiquement une localité qu'avec les courbes horizontales; et alors on se garde bien de remplir péniblement de hachures leurs intervalles, parce qu'on n'y gagne rien en clarté, et parce qu'au moyen de ces courbes on peut résoudre bien plus facilement tous les problèmes que nécessite la rédaction des projets qu'on veut asseoir sur les localités ainsi représentées. (*)

§ 4. *Application des principes.*

Pour arriver à faire bien et promptement les hachures au moyen desquelles nous représentons les pentes, il faut d'abord s'exercer à les tracer entre des courbes horizontales. Ensuite, on supprimera ces courbes, et l'on fera les hachures sans leur secours, en donnant plus de liberté au crayon, sans cependant s'écarter de la règle qui fixe la direction de ces hachures dans les lignes de plus grande pente.

Supposons donc, en premier lieu, qu'il s'agisse de représenter un petit mamelon, dont la forme générale est indiquée par la courbe inférieure qui en marque le contour (fig. 2e). On tracera, dans l'intérieur, des courbes horizontales, soit continues, soit interrompues, en ayant soin de les multiplier davantage dans les endroits où elles ont à la fois plus de distance et plus de courbure, comme en A et en B. Sans cette précaution, les hachures auraient trop de divergence dans ces parties, et le dessin choquerait l'œil en même temps qu'il ne rendrait plus aussi bien les formes.

Les courbes étant tracées, on commence les hachures par la courbe d'en haut, en les dirigeant, comme il a été dit, perpendiculairement sur celle qui est immédiatement au-dessous.

(*) Les élèves qui voudront prendre connaissance des problèmes de fortification pliée au terrain, qui se résolvent par le moyen des courbes horizontales, pourront consulter le chap. vi de notre *Cours de Fortification permanente.*

Ensuite on reprend à la seconde pour faire tomber les hachures
perpendiculairement sur la troisième, et ainsi de suite jusqu'en
bas. Il faut avoir soin que les hachures d'une tranche ne s'en-
chevêtrent pas dans celles de la tranche précédente, ou qu'elles
ne laissent pas une ligne blanche qui marquerait la séparation des
tranches d'une manière désagréable. Du reste, il n'est nullement
nécessaire que les hachures d'une tranche fassent suite à celles de
la tranche voisine ; au contraire, on doit se ménager à cet égard
toute liberté , pour donner plus de promptitude et de facilité
au travail, et pour éviter le défaut déjà signalé de hachures
qui, très rapprochées à leur partie supérieure , s'écarteraient
outre mesure vers le bas, et nécessiteraient l'introduction de
hachures intermédiaires pour remplir le vide ; c'est ce qui est
indiqué vers la partie B de la figure qu'on a laissée en blanc
pour marquer la progression du travail. Enfin, on adoucit les
dernières hachures en les terminant par des traits bien légers
ou des points allongés, qui rachètent la pente avec la plaine, et
font disparaître une transition trop brusque qui ne se rencontre
jamais dans la nature. On doit avoir la même attention sur le
sommet du mamelon.

On remarquera que, dans les parties où la surface du terrain
a peu de courbure, les hachures sont à peu près parallèles, d'où
l'on voit que si l'on avait à représenter une portion de plan incliné,
les hachures seraient toutes rigoureusement parallèles entre elles
(figure 3*), parce que les courbes horizontales dégénéreraient
en droites parallèles. Mais il est bien rare de rencontrer ce cas :
les pentes, en apparence les plus uniformes , montrent encore
des inégalités, de légères ondulations, qui ôtent la froide symé-
trie des lignes parallèles, et permettent, nécessitent même
quelque mouvement dans les hachures.

On comprend, d'après ce qui précède , qu'une cavité de

même forme qu'une élévation, qui en serait comme le moule, se représenterait absolument de la même manière. On n'aurait aucun moyen de distinguer l'une de l'autre sans le secours de la lumière oblique, qui éclaire la première d'un côté, tandis qu'elle éclaire la seconde du côté opposé. Mais, presque toujours, les bords d'un creux sont déchirés ou plus abruptes que le fond. Les hachures ne sont donc pas adoucies vers le haut; elles commencent brusquement comme dans la figure 8ᵉ, et ne s'adoucissent que dans le bas. On n'a pas besoin d'autre indice pour reconnaître qu'il s'agit d'un creux et non d'une hauteur. Quand le creux est très-allongé, que le fond en est légèrement en pente, il forme une vallée où il se trouve ordinairement un ruisseau ou une rivière; il n'en faut pas davantage pour ne pas confondre le fond de cette vallée avec la crête d'une montagne, lorsqu'il y aurait d'ailleurs quelque ressemblance dans les formes.

Les cours d'eau, pour le dire en passant, sont peut-être le moyen le plus sûr et le plus simple de reconnaître, non-seulement les parties basses d'une localité, mais encore la nature des pentes par leur plus ou moins grande proximité des hauteurs ou des chaînes de montagnes. Car, en thèse générale, lorsqu'une chaîne sépare deux vallées, sa pente est plus rapide du côté de la vallée la plus étroite. Et, si cela n'est pas toujours rigoureusement vrai, en ce qu'une des vallées peut compenser par une plus grande profondeur son plus grand éloignement des crêtes qui la dominent, c'est une règle sans exception, que, pour une même vallée encaissée par des chaînes d'égale importance, la *berge*(ᵃ) la plus douce est celle qui présente le plus de largeur.

(ᵃ) On nomme *berge* le côté d'une vallée, depuis le cours d'eau qui en marque la partie la plus basse, jusqu'aux crêtes qui en sont la limite supérieure. Une

Ainsi, dans le Vallais, la berge de gauche a une pente générale plus douce que celle de droite, parce que les crêtes des montagnes sont plus éloignées du Rhône de ce côté que de l'autre. Revenons à notre objet.

Lorsque deux croupes partent d'une même sommité , elles laissent entre elles une gorge ou gouttière qui est marquée par la forme rentrante des courbes horizontales (figure 4°). Les hachures sont assez difficiles à bien conduire dans cette gouttière, parce qu'elles vont à la rencontre les unes des autres, et qu'elles se croisent si on n'a pas le soin de les faire très courtes. Il est donc nécessaire, pour réussir, de multiplier les portions de courbes horizontales dans cet endroit, encore plus que dans les parties convexes. Au surplus, comme ces parties où se rassemblent les eaux de pluie sont presque toujours plus ou moins ravinées, on fait disparaître, par quelques touches qui imitent les érosions, les défauts que pourraient conserver les hachures.

Le point de raccord entre deux sommités offre aussi quelque difficulté. Dans ce cas, les courbes horizontales sont d'abord séparées pour marquer les deux hauteurs ; elles se réunissent ensuite, comme le montre la figure 5ᵉ. Après avoir fait les hachures autour des deux mamelons, on remplit la première bande qui enveloppe le tout, et l'on continue jusqu'en bas, ainsi que dans les exemples précédens. Il reste alors, entre les deux mamelons et les hachures inférieures, une bande blanche, telle qu'on la voit dans la partie de la figure qu'à dessein on n'a pas

vallée a toujours deux berges, celle de droite, qui est celle qu'on laisse à droite en descendant, en suivant le cours d'eau, et celle de gauche qui est à l'opposé. Le *thalweg* est la ligne suivant laquelle les deux berges opposées viennent se rencontrer; il marque la route que suivrait un filet d'eau dans le fond de la vallée.

terminée. On remplit cette bande, comme l'indique l'autre partie de la figure, en ayant soin d'adoucir les hachures vers le rentrant qui forme la jonction des deux sommets. C'est un petit *col* (ᵃ) qu'il est essentiel de bien indiquer.

Dans les terrains fortement accidentés, on voit souvent succéder à une pente générale plus ou moins douce, une pente rapide qui n'a rien de commun avec la première. Il y a alors un arrachement qui sépare les deux pentes, et les courbes d'une pente (figure 6ᵉ) ne sont pas la continuation de celles de l'autre. Il y a donc aussi un changement brusque dans la direction et dans la longueur des hachures; et c'est à ce changement qu'on reconnaît l'accident dont il est question. On ajoute quelques touches aux hachures, pour marquer le déchirement qui a toujours lieu dans cette circonstance.

De semblables arrachemens existent encore sur le bord des ruisseaux et des rivières; c'est pourquoi on dirige ordinairement les hachures perpendiculairement sur ces cours d'eau, comme on le voit dans la partie de gauche de la fig. 7ᵉ. Si les érosions n'existaient pas, il faudrait, de toute nécessité, que les hachures voisines du bord se tournassent insensiblement dans le sens du courant pour se raccorder avec le thalweg, qui est évidemment la ligne de plus grande pente à laquelle toutes les autres viennent se rattacher. C'est ce que marque la partie droite de la même figure. Mais, s'il est nécessaire de s'astreindre rigoureusement à cette condition quand on représente une simple gouttière, comme dans la figure 4ᵉ, on s'épargne cette peine quand il s'agit d'une vallée sillonnée par un cours d'eau, parce que, si elle est en pente rapide, les

(*) On nomme *col* le point d'une chaîne qui réunit deux montagnes voisines. C'est une dépression, un abaissement du faîte, qui présente ordinairement un passage pour franchir la chaîne, et auquel aboutissent deux vallées transversales.

bords de larivière sont déchirés en raison de la violence du courant; et, si elle est d'une pente douce, les hachures viennent se fondre dans la plaine où serpente la rivière.

Après avoir expliqué par quelques exemples la théorie qui sert de base au dessin des hachures, nous terminerons ce paragraphe en donnant quelques directions générales sur la méthode et les moyens de procéder. Et d'abord nous dirons que, pour réussir, il faut aller par degrés, et n'aborder les difficultés que successivement, à peu près dans l'ordre où nous avons essayé de les présenter. On tracera dans les commencemens les courbes au crayon, et on fera les hachures à la plume, comme le sont celles de la planche 1ʳᵉ, afin qu'en effaçant les courbes on puisse juger du degré de perfection des hachures. Mais, pour passer au dessin militaire, tel qu'il est adopté à l'école de Thoune, il faut encore s'exercer à faire les hachures au crayon, et d'après les mêmes modèles : alors les courbes horizontales ne se traceront que très légèrement et par points, parce qu'on ne peut plus les faire disparaître. Il faut se servir pour les hachures d'un crayon qui, sans être dur, ne s'efface pas facilement : les crayons de Vienne sont excellens pour cet usage. On évitera de tailler la pointe trop fine, parce que le travail doit être large et rapide. On peut sans doute, avec du temps, faire un dessin bien léché et de belle apparence en taillant son crayon à chaque instant ; mais comme le temps est toujours précieux à la guerre, on doit en être avare, et s'accoutumer aux méthodes expéditives, laissant aux dessinateurs de cabinet la délicatesse et le fini de l'exécution.

Des hachures courtes et serrées marquent une pente rapide, tandis qu'au contraire des hachures longues et écartées indiquent une pente douce; mais c'est là tout ce qu'on doit attendre de la méthode des hachures. Elles donnent, jusqu'à un certain point, les pentes relatives; elles ne donnent nullement les pentes ab-

solues ; le seul cas où elles le feraient serait celui où les courbes
horizontales, ayant été levées exactement, on apercevrait encore
ces courbes dans les reprises des hachures. Mais alors, et on l'a
déjà dit, les hachures seraient inutiles et même nuisibles, puisque les courbes suffisent à elles seules pour rendre de la manière la plus satisfaisante la forme exacte du terrain. Les hachures ne sauraient rien ajouter à la précision, et nuiraient
plutôt à la clarté : on se garderait donc bien de les introduire
dans le cas que nous supposons.

§ 5. *Hachures libres.*

Lorsqu'on aura fait un assez grand nombre de dessins, soit à
la plume, soit au crayon, pour être expert dans le tracé des
hachures avec le secours des courbes horizontales, on quittera
celles-ci, et l'on essaiera de représenter le terrain avec les hachures seules, comme on le voit dans les petits modèles, sous les
numéro 9, 10, 11 et 12, qui représentent, à peu près, les mêmes
circonstances détaillées dans le paragraphe précédent. Sachant
alors quelle devrait être la forme des courbes horizontales si
on les traçait, on donnera aux hachures une meilleure direction que si on se fût jeté de prime abord dans de nouvelles
formes. Il est essentiel, dès le début, de ne rien faire d'absurde,
et cela arriverait si l'on ne cherchait pas quelque guide sûr.
Lorsqu'on aura bien réussi à faire ces premiers dessins, qu'on
ne devra pas craindre de recommencer plusieurs fois, on pourra
alors s'exercer sur de nouveaux exemples, et donner carrière à
son imagination ; car il faut arriver à voler de ses propres ailes.

Dans les exemples indiqués, les pentes sont tout-à-fait uniformes. Or, cela n'arrive que très rarement. Le terrain présente ordinairement des inflexions, des ressauts plus ou moins

prononcés. On ne doit donc pas négliger de représenter ces mouvemens par des reprises de hachures un peu plus courtes, plus serrées et plus fortes que le reste. Ces reprises offrent le grand avantage de faire disparaître la monotonie du travail; elles se prêtent aux exigences du dessin pittoresque, en accusant les ondulations et les méplats des surfaces qu'on s'efforce de représenter. Mais il faut que les reprises soient faites sans dureté, puisqu'elles indiquent, non des ressauts bien saillans, mais de légères sinuosités. Tout en procurant l'avantage de donner du mouvement au dessin, et de le rendre plus conforme à la nature lorsqu'elles sont faites avec goût et intelligence, les reprises donnent encore le moyen de ramener le crayon, qui vient d'être taillé, au point convenable pour bien faire les grandes hachures, et donner du moelleux au dessin. On émousse donc son crayon dans les touches qui marquent les déchirures, les érosions, les rochers, etc., et l'on recommence dans les reprises, pour continuer ensuite les grandes hachures. Si le crayon est trop fin, même pour une reprise, on doit l'user un peu sur un morceau de papier. Nous avons tâché de donner un exemple de cette manière de faire dans la figure 13e, qui présente une colline accidentée, un petit mamelon détaché à quelque distance dans la plaine, et un creux entre deux. Ce dessin est ainsi une assez bonne étude.

Les hachures n'étant, pour ainsi dire, qu'un moyen conventionnel de représenter le terrain, sans préjudice de tous les objets qui en couvrent la surface, plus elles auront de légèreté, sans que cependant l'effet à produire en souffre, et mieux elles vaudront. C'est une des raisons qui nous ont fait adopter le crayon plutôt que la plume pour cet objet, dans les dessins militaires. Des hachures qui seraient assez noires ou assez serrées pour cacher ou obscurcir les objets qu'il est si important de bien faire connaître et de rendre faciles à lire ou à suivre, seraient la plus grande faute où un dessinateur pût tomber. Répétons-le, la clarté est aussi importante dans une carte topographique, et surtout dans un dessin de reconnaissance, que l'exactitude. Autant on doit mettre de soins dans la détermination des points et des lignes principales, autant on doit éviter de se jeter dans des détails inutiles qui nuisent à l'ensemble, et de tomber dans la confusion qu'amènent nécessairement les hachures noires, sèches et lourdes.

§ 6. *Rochers.*

Ce qu'il y a de plus difficile dans le dessin militaire, c'est sans contredit la représentation des rochers. Il n'est pas possible de poser d'autre règle, à ce sujet, que de s'astreindre à imiter ce qu'on voit. C'est alors que celui qui est déjà habile dans le dessin du paysage a un avantage marqué, parce que les rochers vus d'en haut, et représentés en projection horizontale, comme cela se fait dans les plans, ont à peu près les mêmes caractères que lorsqu'on les voit de face ou en perspective : ils se dessinent de même. Les notions géologiques sont aussi d'un grand secours en faisant connaître la nature des roches, la direction des couches, leur contexture, leurs formes générales; elles aident à débrouiller le chaos des localités fortement prononcées; elles donnent souvent la possibilité de deviner les formes cachées d'après celles qui se montrent aux regards ; enfin, elles facilitent singulièrement la description écrite qui doit accompagner la reconnaissance dessinée, et sans laquelle cette dernière serait toujours insuffisante, quelques soins qu'on eût mis à la faire.

On ne peut pas donner de règle précise, avons-nous dit, pour le dessin des rochers, parce qu'ils ne présentent pas toujours le même aspect. Tantôt ce sont de grandes masses plus ou moins arrondies, n'offrant que fort peu d'arêtes ou d'aspérités ; tantôt ce sont des amas de ruines, de débris entassés, qu'on ne peut comparer qu'à d'immenses brèches ; ici, des couches régulièrement disposées se dessinent dans leur tranche, par des lignes presque parallèles ; là, ces mêmes couches, tourmentées, interrompues de mille manières, exigent, pour être bien rendues, tout l'art du dessinateur. Il faut, pour imiter ces variétés, se bien pénétrer de ce qu'elles doivent paraître, se faire une juste idée des formes qu'elles présenteraient si on les voyait en planant au-dessus et en se transportant successivement sur leurs différentes parties : car la projection horizontale ou dessin géométral qu'il faut en faire, n'est pas autre chose que cette apparence. Les rabattemens au moyen desquels on représentait autrefois les montagnes par leurs apparences réelles, sont maintenant proscrits de la topographie, parce qu'il arrivait par ces rabattemens que quelquefois des parties essentielles du plan se trouvaient couvertes. De plus, les apparences des montagnes ou des grands rochers variant à l'infini, suivant les points de vue, le seul avantage qu'on pourrait trouver à un rabattement, celui de faire aisément reconnaître la montagne ou le rocher, disparaît entièrement ; aussi n'a-t-on conservé cette méthode des rabattemens ou des vues perspectives, que pour les plans hydrographiques, où les objets des côtes sont essentiels à indiquer bien nettement, et où ces objets n'étant jamais vus que de la mer, se montrent toujours sous le même aspect.

Nous avons essayé de donner dans la figure 14ᵉ un exemple de rochers entrecoupés de pâturages en pentes rapides, tels qu'on les rencontre presque toujours dans nos Alpes. Les tranches, laissées à nu, y sont représentées par des traits plus ou moins parallèles, indiquant la nature des couches qui, dans le cas supposé, sont assez tourmentées. Autant que possible, on doit faire ce travail à peu de frais ; la perfection consiste à produire l'effet désiré avec quelques touches seulement, surtout lorsqu'on doit ensuite faire usage du pinceau par-dessus le crayon ; car alors on achève de rendre par les teintes ce qui serait resté imparfait au simple crayon.

Une circonstance que je dois signaler parce qu'elle tient à une loi invariable de la nature, et qu'on la rencontre partout dans les montagnes, c'est que toutes les fois que les masses de rochers présentent, comme dans l'exemple actuel, une excavation ou anfractuosité, il se forme en dessous un grand cône de débris accumulés : c'est ce qu'on nomme une *coulée*. Rien n'est plus facile que de représenter ce cône par des hachures en éventail, telles que celles de la figure 14ᵉ. On voit toujours au pied des grands escarpemens une suite de pareilles coulées qui, se raccordant l'une à l'autre, forment un talus général dont les ondulations sont marquées par la convergence et la divergence successives des hachures. Nous avons représenté cette circonstance dans la figure 15ᵉ, qui donne, en outre, l'exemple d'une autre espèce de rochers en plus grandes masses et en couches plus parallèles que dans la figure précédente.

§ 7. *Des Bois.*

Les bois doivent être tracés légèrement pour ne pas absorber le dessin, et parce que pouvant changer de forme d'une année à l'autre par les coupes, les avalanches ou les incendies, il n'est pas nécessaire de leur donner la même importance qu'aux formes du terrain qui, de leur nature, sont invariables ou ne

subissent dans l'espace d'un siècle que des changemens inap-
préciables. On se contentera donc de marquer par-dessus les
hachures du figuré, le contour de la forêt au moyen d'une
espèce de feuillé, et de tracer quelques touffes d'arbres dans
l'intérieur, à peu près comme on le voit dans la figure 17ᵉ.
Rien ne serait plus désagréable à l'œil qu'un bois dessiné
avec trop de pesanteur; il ferait une tache sur le plan. L'on
pourrait dire, à cet égard, que plus on a pris de peine à représenter le bois, et plus l'effet qu'il produit est désavanta-
geux. On doit donc s'exercer à faire cette partie du dessin avec
délicatesse ; on y trouve le double profit d'un moindre travail
et d'un effet plus satisfaisant.

Si c'est d'un bois de sapin qu'il s'agit, on l'indique par quelques étoiles (figure 18°), qui sont le signe auquel on reconnaît
cette espèce de bois. L'étoile est, en effet, la projection horizontale du sapin, dont les branches disposées tout autour du
tronc rayonnent comme d'un centre. Le contour se dessine
de la même manière que pour les autres bois, qui se font tous
avec le même feuillé, quelle que soit leur nature.

Quand le temps presse beaucoup, on peut se contenter de
représenter le bois par un simple trait qui en marque le contour. On écrit alors dans l'intérieur la nature du bois, ou bien
on y étend une légère teinte de vert. L'encre de chine peut
encore remplacer cette couleur quand on en est privé.

§ 8. *Des maisons.*

Les maisons se représentent par des rectangles couverts de
hachures serrées, quand toutefois la grandeur de l'échelle le
permet. Autrement, on ne dessine que les masses ou réunions
de plusieurs maisons. A une petite échelle, les maisons isolées

ne peuvent être bien représentées qu'à la plume ; à cet effet
on emploie de l'encre rouge pour les maisons de pierre, et de
l'encre brune pour les maisons de bois : cette dernière couleur
se fait avec un mélange de carmin, d'encre de chine et de
gomme-gutte. On peut également avec un crayon fin et dur,
dessiner les maisons à une petite échelle; mais, pour la clarté
du dessin et une plus grande netteté, il vaut mieux employer
la plume et les couleurs. C'est pour cela qu'on recommande de
prendre, en reconnaissance, outre les crayons indispensables,
une petite boîte renfermant ce qu'on appelle les couleurs maî-
tresses, tant pour l'objet dont il est question que pour les lacs,
les marais, les cours d'eau et les chemins. Nous avons donné
dans les figures 19ᵉ et 20ᵉ deux exemples de maisons dessinées
à une grande et à une petite échelle. Dans le premier, les
maisons sont accompagnées d'arbres isolés et de clôtures. Le
second représente un village dont les habitations sont éparses ;
il est dominé par un vieux château qui couronne une hauteur;
il a son église marquée en rouge comme le château, et il est en-
touré d'un ruisseau qui traverse un petit étang. Deux grands
chemins se croisent dans le village ; un sentier conduit sur la
colline du château. Ces moyens de communication sont tracés
à la plume et en rouge, pour les rendre plus visibles. Les
maisons de bois sont simplement au crayon. Une petite croix
placée sur l'église, indique la nature de cet édifice.

Ce serait chercher une perfection intempestive que de marquer dans une reconnaissance le nombre exact des maisons d'un
village et leurs positions respectives, parce que cela prendrait
trop de temps. Une telle exactitude ne peut convenir qu'à la
reconnaissance spéciale du village, laquelle se fait alors à une
échelle assez grande pour permettre de semblables détails. Dans
les cas ordinaires, où la reconnaissance embrasse une étendue

de pays plus ou moins considérable, il suffit d'indiquer la forme
générale du village, son église, son château, s'il en a un ; les
fortifications qui pourraient s'y trouver, enfin les murailles
dont il serait possible de tirer parti pour sa défense. C'est dans
cet esprit qu'a été faite la figure 20ᵉ.

§ 9. *Chemins, Cours d'eau.*

Un objet très important est celui des chemins et des cours
d'eau ; il est donc nécessaire que tout ce qui y a rapport se
voie clairement et sans fatigue sur le plan. C'est pourquoi les
cours d'eau doivent être dessinés en bleu, et lavés de la même
couleur, quand, d'après la grandeur de l'échelle, ils offrent des
dimensions suffisantes. Les chemins, ainsi que les sentiers, sont
passés à la plume en couleur brune ou rouge, les premiers
praticables aux chariots et voitures de l'artillerie avec deux
traits, les seconds avec un seul, ou seulement de petits points,
suivant que les bêtes de somme ou les soldats seuls peuvent y
passer. Voyez encore à cet égard la figure 20ᵉ.

§ 10. *Manière d'éclairer le plan. Lavis.*

Jusqu'à présent nous ne nous sommes nullement occupés
de la manière d'éclairer le plan. Et, en effet, les hachures
suffisent à elles seules, comme signe conventionnel, pour faire
sentir les mouvemens de la surface qu'on veut représenter ;
en sorte que si le temps presse, on peut et on doit se borner
à cette manière de figurer le terrain. Alors on ne s'inquiète
point de la lumière, et l'on fait les hachures, d'un côté comme
de l'autre, suivant ce que réclame la nature des pentes. Ainsi
ont été dessinés tous les exemples donnés jusqu'à présent dans

cette instruction. Mais des teintes au pinceau sont bientôt mises;
elles donnent au dessin plus de douceur et d'harmonie, elles
marquent davantage le relief, et accusent les bas-fonds; elles
fixent enfin le crayon au papier. C'est donc un dernier moyen,
un complément de la méthode qu'on ne doit point négliger,
pour peu qu'on ait de temps à disposer; et il est presque
toujours possible, en arrivant au gîte, d'étendre rapidement quelques teintes sur le dessin qui est encore collé sur le
carton.

Ces teintes se font à l'encre de chine ou à la seppia. Pour
ne pas gâter le dessin, elles doivent être douces et bien fondues.
On les pose en deux ou trois reprises, en commençant par les
plus légères, et repassant sur les plus fortes; on prend garde de
ne pas laisser sécher la teinte avant de l'adoucir sur les bords;
et on a grand soin de ne pas lui faire dépasser les hachures,
parce qu'alors elle fait tache sur le blanc qui marque les plaines
dans lesquelles les pentes viennent se terminer, ou les parties cul-
minantes d'où elles partent. Il est bon, quand on emploie le lavis,
de faire les hachures plus fortes dans les endroits qui doivent
recevoir les teintes les plus vigoureuses, parce que le pinceau
enlève toujours une partie du crayon.

Mais comment faut-il éclairer un plan? doit-on adopter la
lumière verticale ou bien la lumière oblique? Avec la lumière
verticale ou du zénith, c'est-à-dire celle qui est supposée tomber
à plomb sur le dessin et éclairer les objets par le sommet, on
arrive à donner des teintes égales aux pentes égales de quelque
côté qu'elles soient tournées, et c'est un résultat auquel ceux
qui ont la prétention d'indiquer les degrés de pente dans les
plans topographiques, doivent mettre un très grand prix. Ils
évitent en effet cet inconvénient de la lumière oblique, que les
pentes qui lui sont opposées, ne recevant que de faibles teintes,

pouvant même rester blanches dans les cartes à petit point, (*)
disparaissent et se confondent avec les plaines ; ou que des
pentes égales diversement situées par rapport au rayon lumi-
neux, sont indiquées par des teintes variables. Si donc on ne
pouvait distinguer les pentes que par les teintes , si le clair-
obscur , si l'inspection des cours d'eau et des sommités, si les
hachures ne les faisaient pas suffisamment sentir, il ne faudrait
pas hésiter à adopter la lumière verticale. Mais comme il ne
peut jamais y avoir de doute à cet égard, la lumière verticale
n'est pas indispensable ; et si d'ailleurs elle offre des inconvé-
niens dont la lumière oblique soit exempte, on devra préférer
cette dernière. Or, dans l'emploi de la lumière verticale, on
noircit le dessin, parce que toute pente est dans l'ombre ; l'effet
y est entièrement perdu , tout devient plat ; les teintes, loin de
servir à détacher les objets, les écrasent et les brouillent, et
pour peu qu'elles soient foncées, on court le risque de voir
disparaître des détails importans.

Dans le système de la lumière oblique, au contraire, les
teintes n'étant posées que sur les croupes qu'elle ne peut atteindre
ou qu'elle n'éclaire que faiblement, il résulte de l'opposition des
clairs et des ombres un jeu de lumière auquel l'œil est accou-
tumé, qui fait, pour ainsi dire, sortir les sommités du papier,
et donne de la profondeur aux vallées. Le dessin devient facile
à lire ; il acquiert un degré de clarté et d'évidence qui le rend
intelligible, même aux personnes les moins accoutumées à consulter les plans.

La clarté dans un dessin militaire est une qualité si précieuse ; il est si important de faciliter les recherches à celui

(*) On donne le nom de cartes à *petit point* à celles dont l'échelle est petite,
comme, par exemple, au $\frac{1}{100000}$.

qui doit le consulter que, dût-on renoncer à d'autres avantages, il faudrait se prononcer pour la méthode qui procure ceux
que nous venons d'indiquer, et qui, lorsqu'elle est employée
avec sagacité, peut produire des effets étonnans de vérité.

En tout cas, l'inconvénient, si c'en est un, qu'on reproche
à la lumière oblique pour les plans topographiques en général, ne saurait exister pour le genre de dessin dont il est ici
question, ou du moins il y serait singulièrement atténué, puisque, dans les parties éclairées ou en demi-teintes, il reste encore
les hachures pour indiquer les pentes. Lors donc qu'il serait
vrai que, pour les cartes géographiques ou les plans topographiques gravés, la lumière verticale eût des avantages incon-
testables sur la lumière oblique ; objet sur lequel les ingénieurs
ne sont point encore d'accord, toujours devrions-nous employer
la lumière oblique dans les reconnaissances militaires, où l'essentiel est de reproduire les effets de la nature : c'est ainsi que
le peintre évite d'éclairer en face son tableau toutes les fois
qu'il en est le maître.

La lumière oblique étant préférée et admise, aussi bien
par l'expérience de ce qu'on peut en attendre que par le
raisonnement, il ne nous reste plus qu'à fixer à peu près
sa direction. Il est de règle ordinaire de la faire venir de
gauche à droite, et de haut en bas, sous l'angle d'environ
quarante-cinq degrés. On voit alors très aisément quelles
sont les parties qu'il faut ombrer, et quelles sont celles
qu'on laissera plus ou moins dans le clair. Je dis plus ou moins,
car aucune pente ne doit rester absolument sans teinte ; il
en faut une légère, même à la pente qui est le plus directement
opposée à la lumière. Les parties plates et horizontales sont
les seules qui restent blanches ; ainsi les plateaux élevés et
les fonds de vallées se trouvent, quant aux teintes, indiqués de
même, ce qui serait sans doute un inconvénient quand on n'aurait

pas les cours d'eau et les ombres des pentes pour les distinguer.
S'il y avait quelque doute, on ne devrait pas craindre de le
lever en couvrant d'une teinte uniforme et légère le fond de la
vallée qui, se trouvant plus éloigné de l'œil de l'observateur,
doit, à la rigueur, être moins vivement éclairé que le plateau
qui en est plus rapproché: car on sait que plus les objets s'é-
loignent, plus les clairs et les ombres perdent de leur vivacité;
les blancs s'éteignent, et les noirs passent à la demi-teinte.
Mais c'est un cas infiniment rare que celui où il pourrait y
avoir du doute; ainsi, dans les circonstances ordinaires, tous
les terrains de niveau, ou à peu près de niveau, quelles que
soient leurs positions respectives, restent dépourvus de teintes.
C'est dans ces principes qu'est fait le dessin sous le numéro 16,
qui servira de modèle pour l'application des teintes.

On exclut ordinairement les ombres portées des plans topographiques; il peut cependant se présenter des cas particu-
liers où une ombre de cette espèce produit un très bon effet.
Ainsi, par exemple, lorsqu'on veut détacher une paroi verticale
de rochers, l'ombre portée est un excellent moyen d'y parvenir.
Il ne faut donc pas se priver de cette ressource quand elle est
naturellement offerte par la direction de la lumière : c'est encore
un avantage du rayon oblique sur le rayon vertical; avec ce
dernier, il ne saurait jamais y avoir d'ombres portées, ni de
touches de force.

Pour mieux faire ressortir les maisons, les arbres, les bords
des ruisseaux, on marque d'un trait fort le côté de ces objets
qui doit recevoir l'ombre; mais on se contente de cela; on ne
fait pas d'ombre portée, proprement dite : voyez la figure 19ᵉ.
Les arbres détachés se relèvent aussi par une touche de force.
Cependant, si l'on a à représenter un objet spécial, important
à bien indiquer, tel qu'un obélisque, une colonne monumen-
tale, etc. et qui serait mal rendu par la seule projection hori-

zontale; on peut recourir à l'ombre portée, qui donnera tout à
la fois une idée de la forme et de la grandeur de l'objet. Quand
la lumière tombe sous l'angle de quarante-cinq degrés, la longueur de l'ombre est égale à la hauteur de l'objet qui porte
ombre, ce qui offre un moyen simple de le mesurer ou d'en
indiquer les dimensions.

§ 11. *Moyens de procéder sur le terrain.*

Pour opérer sur le terrain, il faut d'abord se faire une échelle
des distances. Cette échelle varie du $\frac{1}{10000}$ au $\frac{1}{30000}$; elle est ordinairement au $\frac{1}{20000}$ pour nos reconnaissances. S'il s'agit de
dessiner une position militaire dont l'étendue ne dépasse pas
deux à trois mille mètres, on se servira de l'échelle au $\frac{1}{10000}$,
soit d'un décimètre pour mille mètres. L'échelle moitié, ou
du $\frac{1}{20000}$, convient au levé d'une localité de cinq à six mille
mètres, ou d'environ une lieue d'étendue. Et pour une vallée
tout entière ou un espace de plusieurs lieues, on emploie l'é-
chelle au $\frac{1}{30000}$, soit un décimètre pour trois mille mètres. Il n'y
a cependant rien d'obligé pour le choix des échelles; on peut
donc sortir de ces proportions toutes les fois que des conve-
nances particulières le demandent; mais il ne faut jamais négliger d'indiquer le rapport de l'échelle aux grandeurs réelles
par une fraction dont le numérateur soit l'unité, et le dénomi-
nateur un nombre qui exprime combien de fois la mesure,
quelle qu'elle soit, adoptée pour le plan, contient la partie cor-
respondante de l'échelle. Si, par exemple, il s'agit d'une ligne par
toise, on ne se contentera pas de cette indication, parce qu'il y a
plusieurs espèces de toises; mais on écrira en outre que l'échelle
est au $\frac{1}{864}$, s'il s'agit de toises de six pieds, ou au $\frac{1}{1152}$, s'il est
question de toises de huit pieds, et ainsi pour toute autre me-
sure. C'est le seul moyen de lever les incertitudes.

Comme les distances se mesurent ordinairement à la montre, il est nécessaire de placer sous l'échelle des grandeurs linéaires, une seconde échelle qui donne les espaces parcourus dans un temps déterminé, tel qu'un certain nombre de minutes ou de secondes. Pour dresser cette échelle, qui doit varier pour chaque individu, il faut avoir fait des expériences réitérées sur la vitesse de marche. Les deux échelles, figure 21ᵉ, se tracent sur la petite règle dont le dessinateur doit être muni, et que l'on recouvre à cet effet d'une bande de papier.

On parcourt d'abord les chemins et les ruisseaux ou rivières en relevant avec la boussole leurs changemens de direction, et mesurant les longueurs de leurs diverses parties, qu'on rapporte à mesure sur le plan. Il est nécessaire d'opérer sur place, afin de pouvoir rectifier par le coup d'œil les erreurs causées par de fausses mesures, et pour donner au dessin plus de vérité. On ne rendrait le terrain que très imparfaitement, si l'on attendait d'être au logis pour faire le figuré. Il faut donc se servir du rapporteur de corne, pour placer sur le papier les angles donnés par la boussole, et prendre avec le compas sur l'échelle des mètres, si la mesure s'est faite au pas, ou sur celle des temps, si elle s'est faite à la montre, les distances mesurées, pour rapporter ces distances sur les lignes de direction légèrement tracées au crayon.

Lorsque les lignes parcourues présentent des sinuosités trop fréquentes, on substitue aux courbes des portions de lignes droites qui en sont comme les cordes, et au moyen desquelles on relève à vue les contours des objets à représenter. A chaque endroit où l'on s'arrête, on dessine ce que l'on voit autour de soi, et l'on dirige des rayons sur les points remarquables, tels que les clochers, les sommités des collines ou des montagnes, les grands arbres isolés pouvant servir de repères, etc. etc. On parvient ainsi à déterminer assez exactement la position de ces objets, quand on a envoyé sur chacun quelques rayons.

Si l'on a eu soin de tracer d'avance sur le papier des lignes parallèles pour indiquer les méridiens magnétiques, ou, en d'autres termes, la direction de l'aiguille aimantée dans les différents points du dessin, les angles se rapporteront avec aisance et promptitude au moyen d'un rapporteur en corne faisant le cercle entier, et portant la même division que la boussole; les divisons symétriques du cercle, mises en correspondance sur les mêmes parallèles, donnent la faculté d'orienter le rapporteur dans tous les points du papier. Par ces procédés, on n'a besoin ni de règle, ni d'équerre pour rapporter l'angle observé, objets toujours embarrassans quand il faut opérer sur le terrain.

Le levé est singulièrement facilité quand on peut se procurer un plan exact ou une triangulation des principaux points à relever, parce qu'alors il ne reste plus qu'à dessiner les chemins et les cours d'eau entre ces points. Les erreurs ne peuvent pas se propager.

Le figuré du terrain se fait à vue, à mesure qu'on avance. On tâche de démêler, de reconnaître les véritables formes, et quand on les a saisies, on s'efforce de les rendre telles qu'on les voit. Mais pour les mamelons, ou autres accidens un peu éloignés des lignes parcourues, on ne doit les dessiner qu'en s'y transportant exprès. On en fait d'abord le tour par le pied, puis on monte sur les parties les plus élevées; on voit alors quelle est à peu près la forme des courbes horizontales; on la dessine très légèrement sur le plan pour se conduire, et on fait les hachures entre ces courbes.

Si le temps presse, il faut bien se résoudre à ne dessiner les hauteurs de droite et de gauche que d'après les apparences qu'elles offrent à distance, et par le simple jugé ; mais il faut une grande pratique pour ne pas faire de trop fortes erreurs. Au reste, il est clair que les accidens du terrain qu'on dessine de la sorte, sont ceux qui ont le moins d'importance sous le point de vue qu'on se propose : car, s'ils en avaient, la première chose qu'on ferait serait de s'en approcher pour les étudier : ils seraient l'objet principal de la reconnaissance. Ainsi, dans le levé d'une profonde vallée, ce qu'il importe de bien rendre ce sont tous les objets qui en occupent le fond, la rivière principale, les affluens tributaires, les chemins, les ponts, les collines qui se relèvent de place en place, les ressauts, les pentes rapides, les villages, etc. Et quant aux montagnes de droite et de gauche, qui souvent cachent dans les nues leurs cimes couvertes de neige, il suffit de les indiquer ou de les représenter au jugé. On voudrait faire mieux qu'on ne le pourrait pas, parce que ces montagnes sont inaccessibles. Mais aussi peu importe leur véritable forme ; ce qu'il faut connaître, ce sont les cols, les chemins, les sentiers qui permettent de les franchir ; et tous ces objets trouvent leur véritable place dans le mémoire descriptif, ou sont le sujet de reconnaissances spéciales suivant leur degré d'importance.

Lorsque la vallée est très profonde, que ses parois sont presque verticales, et qu'elle forme ainsi un défilé intéressant sous le rapport militaire, on a recours aux *profils* pour bien montrer cette particularité. Ainsi, la fig. 22ᵉ représente, bien mieux que ne le ferait le plan, une route taillée dans le rocher, sur le flanc d'un escarpement. L'anfractuosité est ainsi clairement exprimée ; on voit au premier coup d'œil tout le parti qu'on en peut tirer pour la défense. On voit aussi dans la fig. 23ᵉ une crevasse, au travers de laquelle l'art a jeté un pont de pierre, et que le plan ne rendrait que bien imparfaitement. On fait encore le *profil* lorsqu'on veut donner une idée des hauteurs relatives, ou *commandemens*, d'une chaîne de hauteurs assez rapprochées les unes des autres pour que le canon, placé sur l'une, puisse atteindre celles qui l'avoisinent. Dans ce cas, il est convenable d'adopter, pour les dimensions verticales, une échelle plus grande que celle du plan, qui se rapporte aux dimensions horizontales. Sans cette précaution, les différences de niveau seraient mal appréciées. C'est un usage également adopté par ceux qui exécutent des reliefs, et c'est ainsi qu'est fait le profil dans la fig. 24ᵉ.

Quand on peut disposer d'un peu de temps, c'est une méthode excellente que de parcourir rapidement le pays pour en prendre une connaissance générale et préalable avant de commencer le lever. Le travail en, devient bien plus facile, parce qu'on sait d'avance quels sont les objets qui succèdent à ceux dont on s'occupe actuellement, et quelles sont à peu près les formes que les obstacles du terrain dérobent aux regards.

On doit encore dans les levés, quels qu'ils soient, saisir avec empressement tous les moyens de vérification qui se présentent : ainsi, on compare les distances cherchées à celles qui sont connues, on dirige de nouveaux rayons sur des points déjà obtenus, on prend des alignemens pour s'assurer des grandes directions, etc. Il n'y a que la pratique qui rende tous ces moyens familiers, et qui enseigne dans chaque cas particulier ce qu'il y a de mieux à faire.

Nous avons supposé qn'on se sert d'une boussole pour prendre les directions des chemins et des rivières qui constituent le canevas du levé. Cependant il peut arriver, et même il arrive le plus souvent que le temps manque encore pour faire usage d'aucun instrument. Il faut alors que l'œil y supplée ; les angles s'obtiennent par les directions des lignes rapportées sur le papier, qu'on a soin d'orienter aussi bien que possible ; c'est-à-dire que, chaque fois qu'on a un angle à prendre, on tourne le carton du même côté où il était quand on a commencé le levé, et à cet effet on choisit quelque sommité très éloi-

gnée à laquelle on se rapporte toujours; ou bien l'on se sert
des ombres pour déterminer approximativement par la connaissance de l'heure les points cardinaux de l'horizon, qu'on
marque sur les bords du papier. L'œil est ainsi l'instrument le
plus précieux du militaire; on ne saurait trop s'exercer à en faire
usage. Au reste, les véritables directions sont bien moins importantes que le figuré du terrain, qui donne le caractère général de
la contrée, et montre à première vue le genre d'opérations qu'on
peut y entreprendre. C'est pourquoi les levés à vue suffisent
presque toujours aux besoins de la guerre.

Si l'espace à lever exige plusieurs feuilles, on doit en faire
les raccordemens avec soin, afin de pouvoir aisément réunir
les différentes parties du dessin. Pour passer d'une feuille à la
suivante, on trace sur l'une et sur l'autre une ligne qui indique
comment il faudrait couper le papier pour coller ensemble les
deux feuilles. Ensuite on trace sur la première feuille un ou
plusieurs rayons qui se prolongent sur la seconde, et donnent
autant de repères. Il faut, autant que possible, profiter de toute
l'étendue du papier, et par conséquent placer dans la longueur de la feuille les plus grandes dimensions de l'espace à lever.

C'est lorsqu'on est arrivé à la station du soir qu'on se hâte
de passer à la plume ou au pinceau les rivières, les chemins et
les villages, de donner l'effet au dessin par les teintes d'encre
de la Chine, et d'y mettre les écritures indicatrices nécessaires
pour l'intelligence du plan. (ᵃ)

§ 12. *Des écritures.*

Les écritures forment le complément d'un dessin topographique. Si elles sont faites avec soin et arrangées avec goût,

(ᵃ) C'est encore une chose excellente que de s'exercer à dessiner de souvenir
des localités déterminées, parce qu'il arrive souvent qu'on n'a pas même le

elles font valoir le plan; si, au contraire, elles montrent peu de correction et de régularité, elles le gâtent ou en diminuent beaucoup le mérite. On ne doit donc pas regarder comme inutile de s'exercer à bien former la lettre; c'est pourquoi nous avons réuni les modèles de quatre écritures différentes dans la planche cinquième : ce sont la capitale, la romaine, l'italique et la ronde. Les deux premières peuvent aussi se pencher quand il est nécessaire de diversifier les caractères, on les appelle alors *capitale* et *romaine penchées*, par opposition à celles dont nous donnons le modèle, et qui sont la capitale et la romaine droites. La ronde, plus facile que la romaine, la remplace souvent. L'anglaise peut aussi être substituée à l'italique, quoiqu'elle soit un peu maigre pour bien réussir dans les plans. Ces écritures doivent être très noires afin qu'on les distingue facilement ; pour cela, l'encre de la Chine est beaucoup préférable à l'encre ordinaire, qui pâlit avec le temps ou brûle le papier.

On a essayé de fixer la nature et la grandeur des caractères d'après la grandeur de l'échelle et l'importance des objets. Mais il est difficile de se tenir rigoureusement à ces instructions : dès lors elles deviennent inutiles; il faut laisser cela au goût du dessinateur, surtout pour les travaux rapides des reconnaissances qui ne sauraient être compassés. Tout ce qu'on peut dire, c'est qu'il vaut mieux faire les lettres trop petites que trop grandes, sans cesser d'être distinctes, puisqu'elles ne sont qu'un accessoire du plan ; qu'en général on doit, dans un plan de grandes dimensions, faire les écritures plus visibles que dans un petit format, où tout est rassemblé sous l'œil de l'observa-

temps de faire un simple croquis sur place. En parcourant le pays à cheval, on peut l'étudier, en saisir les formes et le caractère. Alors, si l'on est en état de dessiner de souvenir ce qu'on a vu, on peut rendre au général et à l'armée de grands services

5

teur ; et comme un grand dessin peut être fait à une petite échelle , on voit qu'il n'est pas possible de fixer les dimensions des caractères d'après la grandeur de l'échelle.

Les noms des objets principaux, tels que villes, lacs, bourgs, s'écrivent en plus gros caractères que ceux des objets de moindre importance, tels que rivières, villages, hameaux, etc. et encore établit-on des nuances qui amènent des variétés de grandeur et de forme dans ces diverses indications.

Les noms des rivières et des ruisseaux s'écrivent dans le sens du cours de l'eau. Ceux des routes sont également couchés parallèlement à leurs directions. Mais les noms de villes, de villages, de hameaux, de lacs, s'écrivent horizontalement. On se dirige, pour le placement et la grandeur de toutes ces écritures, par deux traits au crayon bien légers, qui marquent la hauteur des caractères.

Voilà tout ce qu'on peut dire à ce sujet : c'est en copiant de bons modèles qu'on se formera la main, et qu'on parviendra à exécuter sans peine des caractères corrects, quoiqu'écrits rapidement. Nous bornerons donc ici notre *Instruction sur le dessin des reconnaissances militaires*, et nous renverrons ceux qui voudraient des notions plus étendues sur la topographie, et sur les diverses méthodes de lever le terrain ou d'opérer des nivellemens, au Mémorial topographique et militaire rédigé au Dépôt général de la guerre, ainsi qu'à l'excellent ouvrage de Puissant sur la topographie, l'arpentage et le nivellement.

FIN.

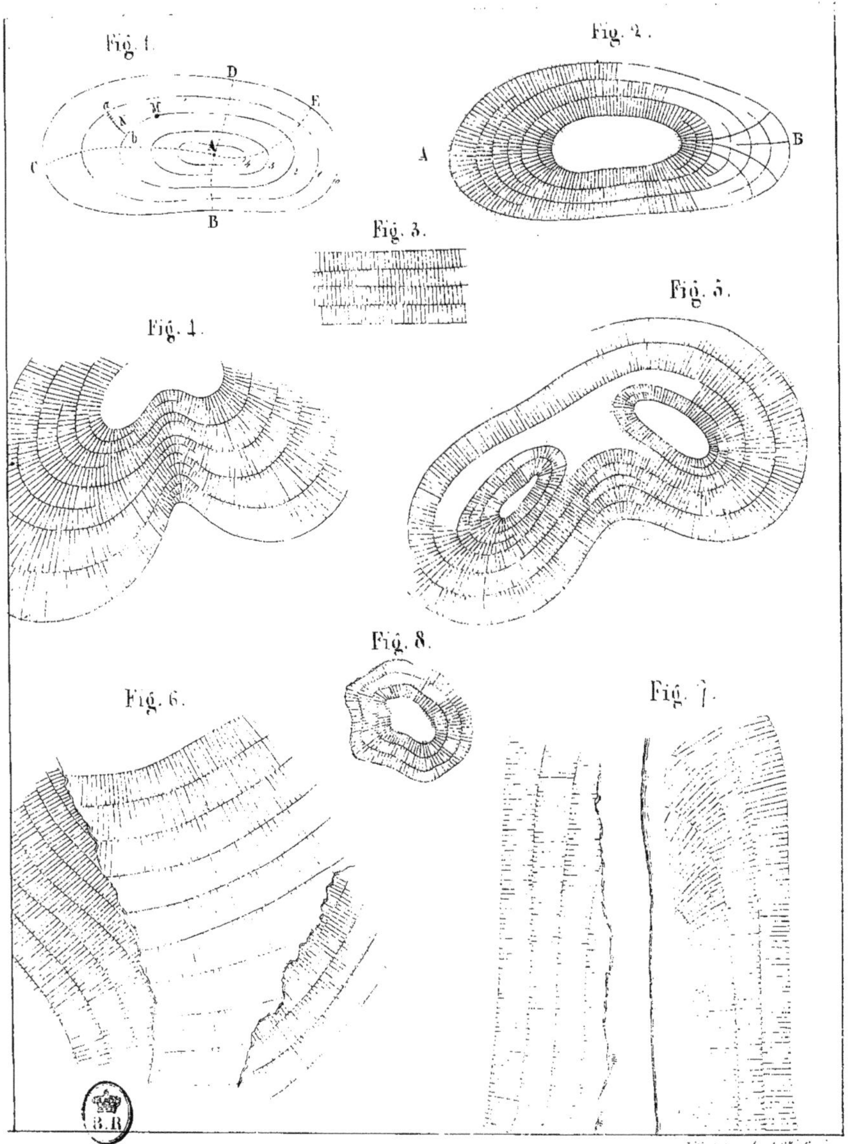

Fig. 1.

Fig. 2.

Fig. 3.

Fig. 4.

Fig. 5.

Fig. 6.

Fig. 7.

Fig. 8.

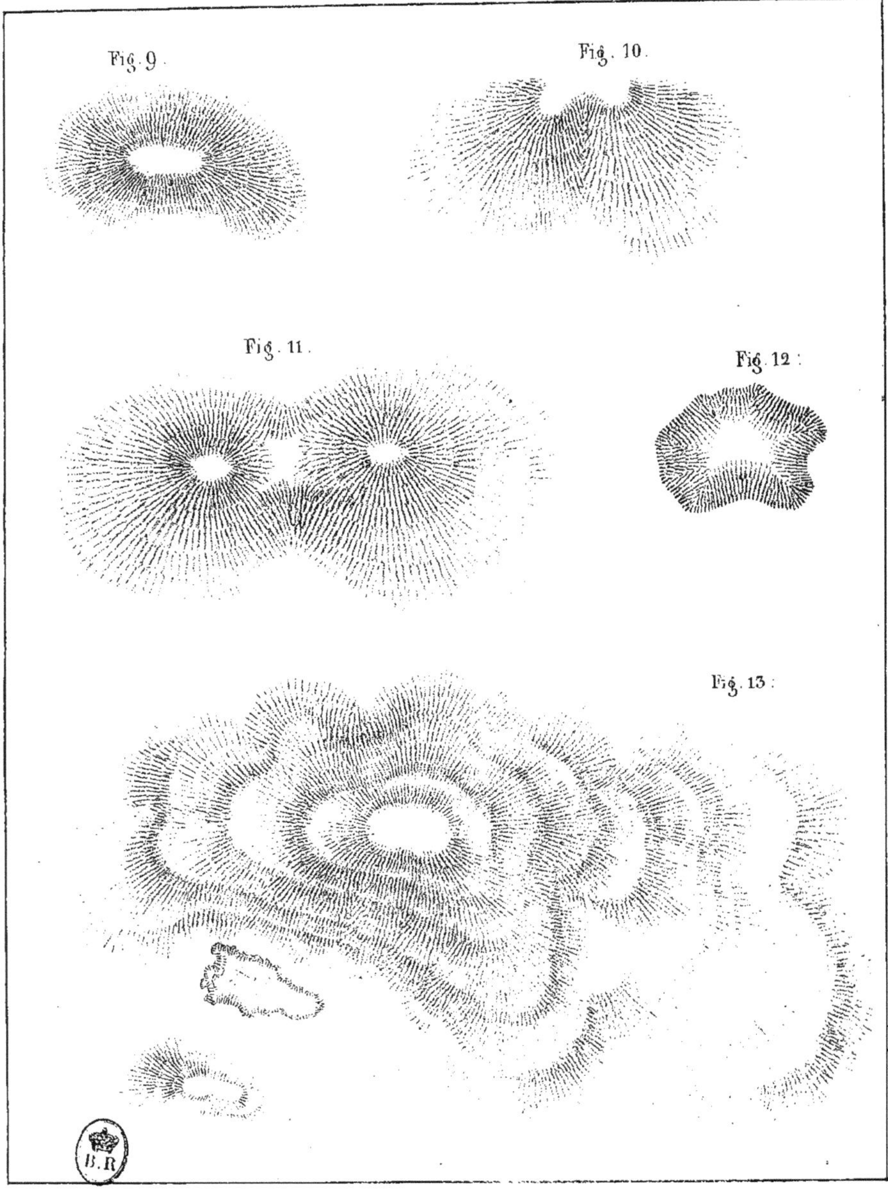

Fig. 9.

Fig. 10.

Fig. 11.

Fig. 12.

Fig. 13.

Fig. 14.

Fig. 15.

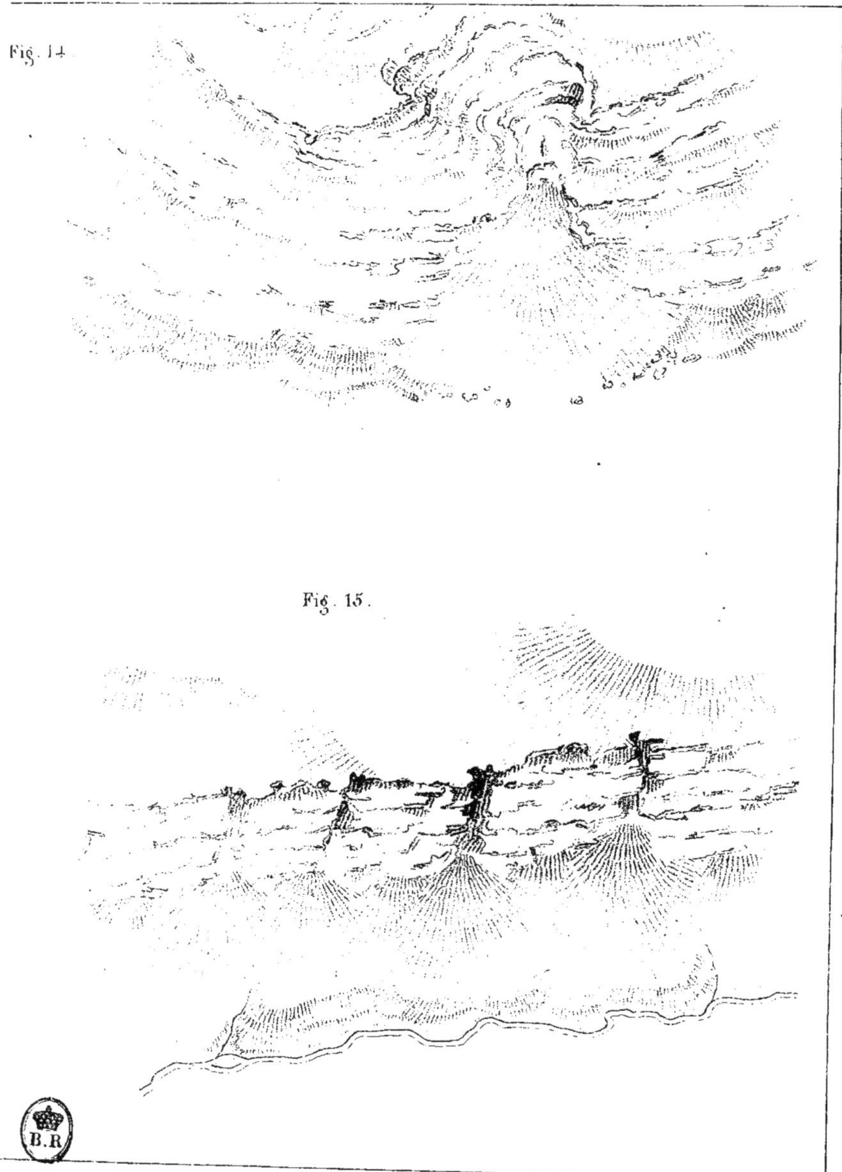

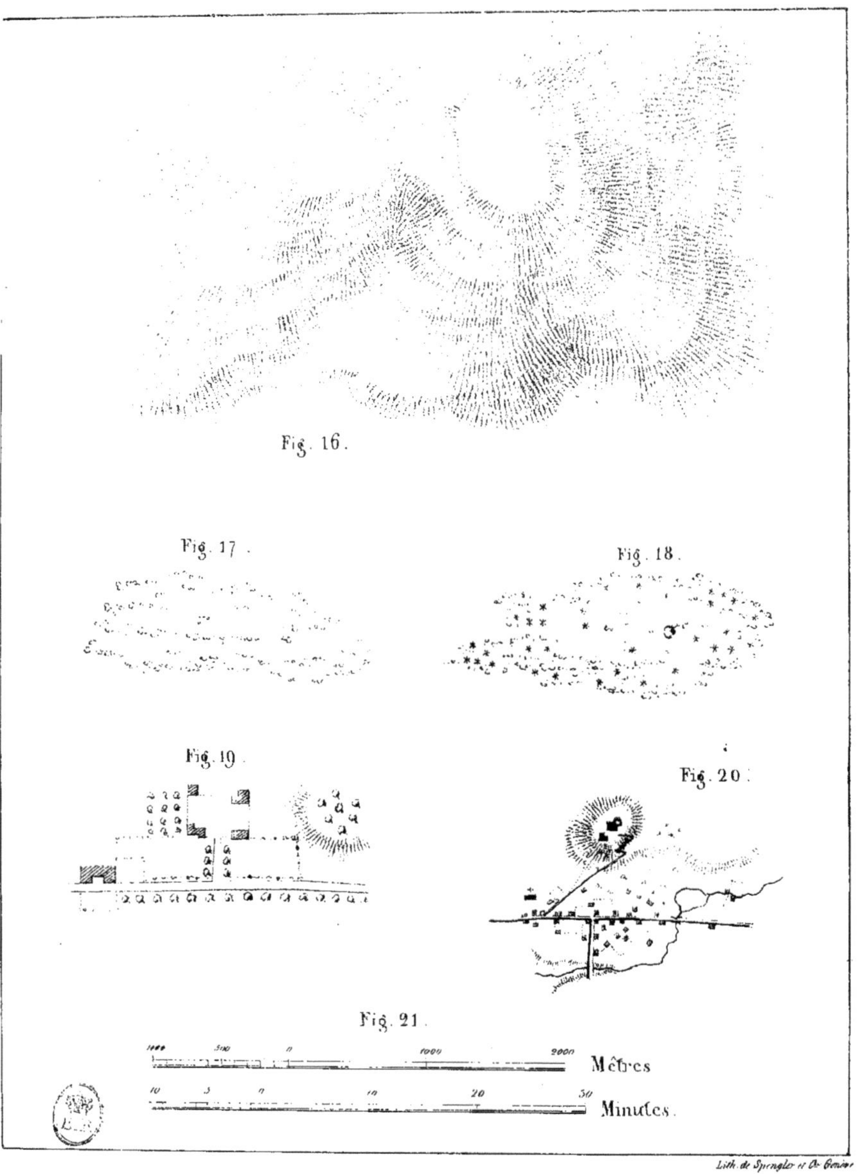
Fig. 16.
Fig. 17.
Fig. 18.
Fig. 19.
Fig. 20.
Fig. 21.
Mêtres.
Minutes.

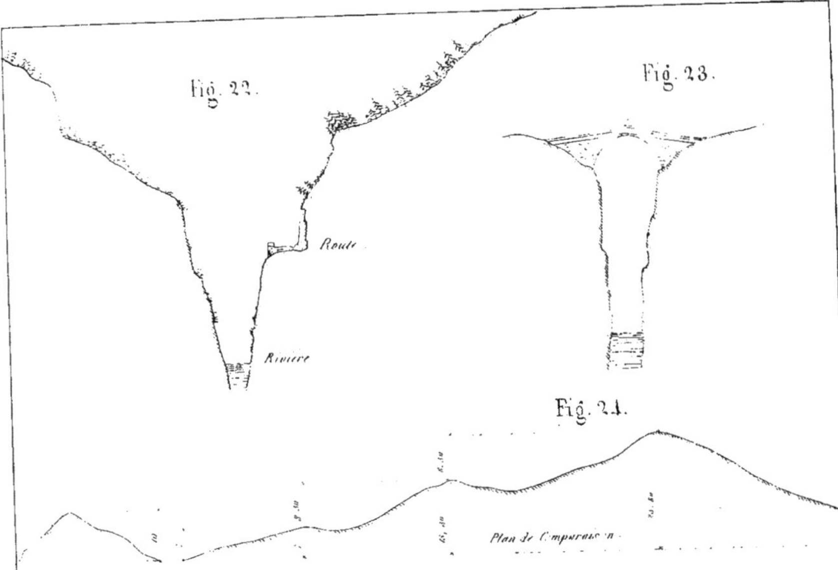

Fig. 22.
Fig. 23.
Route
Rivière
Fig. 24.
Plan de Comparaison
ABCDEFGHIKLMNOPQRSTUVXYZ
abcdefghiklmnopqrstuvxyz &
abcdefghiklmnopqrst uvxyz &
abcdefghiklmnopqrstuvxyz &